ANALYSE

DES

EAUX MINERALES

DE M. DE CALSABIGI,

Nouvellement découvertes à Paſſy : à laquelle on a joint une ſuite d'Expériences ſur la maniére de retirer, de ces mêmes Eaux, le Bleu de Pruſſe.

PAR LE SIEUR CADET, Apoticaire Major de l'Hôtel Royal des Invalides.

A

ANALYSE
CHIMIQUE

FAITE PAR LE SIEUR CADET
Apoticaire Major de l'Hôtel Royal
des Invalides , d'une Eau Minérale
nouvellement découverte à Paſſy ,
dans la Maiſon de Monſieur & de
Madame de CALSABIGI.

1°. L'EAU Minérale de Monſieur DE CALSABIGI ſortant de ſa ſource eſt très-claire , diaphane , & elle n'eſt, pour ainſi dire, point colorée ; au bout de quelque temps elle acquiert une foible couleur jaune ſans perdre de ſa tranſparence.

2°. Cette Eau paſſée par une étamine en ſortant de ſa ſource , après avoir été agitée & ſecouée de temps en temps pendant 15 jours, n'a donné au bout de ce temps aucun sédiment.

3°. Elle m'a paru d'un goût acide très-acerbe, ftiptique & vitriolique.

4°. La première expérience que j'ai faite avec la noix de galle, m'a prouvé que cette Eau Minérale contenoit beaucoup de fer, vû l'intensité de bleu qu'elle a pris avant de paffer au noir.

5°. Pour m'affurer fi elle ne contenoit pas du cuivre, je l'ai effayée avec l'alkali volatil; je n'ai apperçû aucun atome de bleu qui pût me faire foupçonner qu'il y eût de ce metal, la liqueur au contraire a fait un précipité de couleur verte très-foncée.

6°. J'ai fait les mêmes effais avec l'alkali fixe, qui n'a produit d'autre différence qu'en ce que ce précipité a paffé à une couleur d'un vert fale.

7°. L'Eau Minérale de Monfieur DE CALSABIGI donne avec l'Eau de chaux nouvelle un précipité jaune très-foncé.

8º. Cette Eau Minérale paffée légérement avec un pinceau fur le papier à fucre, change fa couleur bleue en un rouge foible.

9º. Ces expériences préliminaires n'étant point affez convaincantes, & voulant pouffer plus loin mes recherches fur cette Eau Minérale, j'ai mis évaporer dans une étuve au deffus des Fours de l'Hôtel Royal des Invalides, de l'Eau Minérale de M. DE CALSABIGI, dans des capfules de verre plates, la chaleur de l'étuve étoit à 60. degrés fuivant le thermomètre de mercure de M. PAGNY, gradué felon M. DE REAUMUR; j'ai remarqué à mefure que l'évaporation s'en faifoit, qu'il fe formoit autour de la capfule une croute faline très-blanche, qui en fe defféchant acqueroit une couleur d'un petit jaune citron. Cette croute faline eft d'un goût très-acerbe & ftiptique; elle laiffe enfuite fur la langue une matiére talqueufe qui ne s'y fond pas. Dans le fond de la capfule, il ne s'eft formé aucun préci-

pité pendant tout le temps de l'évaporation ; j'ai continué d'évaporer l'Eau Minérale ; fur la fin de l'évaporation, elle a
un peu boursoufflé & a laissé un sel vitriolique, détaché par petits grains d'une couleur citrine, extrêmement acerbe & stip-
tique au goût ; du milieu de ces grains
en continuant l'exsiccation au même
degré de chaleur, on voyoit fortir de
petites éguilles en forme de grouppes.
Ce sel s'humecte à l'air très-facilement
& fe diffout parfaitement dans l'Eau,
ainfi que dans les trois acides minéraux ;
à l'exception pourtant de ces petites
éguilles qui y font inaltérables. La diffolution de ces sels dans les acides minéraux étendus avec une petite quantité
d'Eau est précipitée en un jaune très-
foncé par l'alkali volatil, & la même
diffolution noyée dans une grande quantité d'eau est précipitée de même par
l'alkali fixe.

10⁹. J'ai répété plufieurs fois la même évaporation au même degré de chaleur dans différens vaiffeaux plats, elle

m'a toujours réuſſi ſans que la liqueur ait donné le moindre précipité ni même ſe ſoit troublée.

11°. L'Eau Minérale miſe dans le même temps & au même dégré de chaleur à évaporer dans des cucurbites de verre un peu élevées, s'eſt décompoſée en dépoſant aux parois des vaiſſeaux une matiére colorée très - adhérente, d'une belle couleur d'or, qu'il ſembloit qu'on eût appliquée avec art ; elle précipite enſuite une terre jaune Martiale.

12°. Ayant reconnu que le degré de chaleur & la forme des vaiſſeaux produiſoient des changemens auſſi eſſentiels pendant l'évaporation, j'en ai tenté une nouvelle de ſix pintes d'Eau Minérale à feu nu dans un vaiſſeau de terre de Champagne, dont les bords étoient un peu élevés ; dans le commencement de l'évaporation la liqueur s'eſt ſenſiblement troublée & a précipité dans l'inſtant de l'ébullition une terre d'un très-beau jaune, il s'eſt précipité enſuite une terre beaucoup plus pâle que la

premiére. Cette différence n'eft dûe qu'à
une terre blanche talqueufe,qui s'eft join-
te au fecond précipité ; j'ai fait évaporer
la liqueur jufqu'à un certain point, je l'ai
laiffé repofer un inftant pour la tirer
à clair, je l'ai mife à criftallifer fans avoir
eu de criftaux ; j'ai continué à l'évaporer & j'ai vû fe former à la furface une
pellicule qui fe précipitoit pour fe re-
former de nouveau ; fur la fin de l'évaporation la matiére a bourfoufflé. J'ai
obtenu alors un fel vitriolique tirant
fur le jaune, qui s'eft humecté à l'air
facilement, & qui après s'y être deffé-
ché de lui-même, a repris une couleur
d'un jaune plus foncé.

13 . J'ai tenté de nouvelles expériences par la diftillation dans le commencement de l'opération, je n'ai retiré
que du flegme, enfuite quelques goutes de liqueur acide , auxquelles ont
fuccedé immédiatement trois ou quatre goutes d'efprit acide légérement fulphureux ; j'ai apperçu alors au fond de
la cornue une maffe faline , de laquelle

fortoit un grouppe de criftaux parfaitement éguillés qui tapiffoient auffi les
parois du vaiffeau ; j'ai ceffé l'opération.
La cornue étant refroidie, je l'ai cou-
pée en forme de capfule pour en féparer exactement les criftaux ; je les ai la-
vés dans plufieurs eaux froides , & dans
l'eau tiéde pour enlever tout ce qui
pouvoit y être foluble : les criftaux en
éguille n'ont paru y être aucunement
altérés ; j'ai évaporé les lotions , elles
m'ont fourni par la deffication , un fel
de la nature du vitriol Martial, & je regarde les criftaux infolubles dans l'eau
comme une vraie félénite.

14°. Cette Eau Minérale paroît être
très-chargée de fer ; car la premiére terre
jaune que j'ai féparée dans le commencement de l'évaporation, dont j'ai parlé
à l'article 12. après avoir été légérement
calcinée, s'eft trouvée prefque toute attirable par l'aimant, & étant jettée fur
le nitre fondu, l'a fait fufer comme
peut faire la limaille de fer ; la feconde
terre jaune foumife à la même calcina-

tion n'a point été attirée par l'aimant à raifon de la quantité de feuillets félé-niteux qui s'y font trouvés mêlés.

15°. La couleur bleue du papier à fucre changée en un rouge foible, le goût acide qui fe manifefte dans les eaux & l'effervefcence fenfible que pro-duit l'Eau Minérale concentrée avec les alkalis fixes, la liqueur acide, & l'efprit acide, légérement fulphureux que j'ai retirés dans la diftillation, m'ont fait re-connoître une furabondance d'acide dans cette Eau Minérale.

16°. Pour m'en affurer encore j'ai pris un briquet d'acier poli d'Angle-terre, que j'ai mis dans l'Eau Minérale froide, j'ai apperçu au bout d'un inf-tant quantité de petites bulles d'air qui s'élevoient de deffus & de tous les cô-tés du briquet, lefquelles en fe raffem-blant à côté les unes des autres, paroif-foient comme de petites globules. J'ai retiré auffitôt le briquet qui s'étoit dé-poli, & qui portoit une odeur de fer auffi fenfible que lorfque l'on jette de

la limaille de fer dans l'acide vitriolique pour faire le vitriol Martial. Vû
l'effet fenfible de l'action de l'acide
excédent fur l'acier, j'y ai jetté pour
cet effet une petite quantité de limaille de fer ; au bout d'un certain
temps de digeftion, elle a perdu le goût
acide & a acquis le goût d'un vitriol
Martial factice fort chargé de fer. En-
fin, cette Eau Minérale par différentes
filtrations & évaporations repétées, m'a
fourni du vitriol Martial pur.

17°. Deux pintes d'Eau Minérale
pefant quatre livres, ont fourni 36.
grains de terre ferrugineufe, qui calcinée, a été toute attirable par l'aimant.

48. Grains de feuillets féléniteux.

54. Grains de fel vitriolique.

Ce qui fait par conféquent :

9. Grains de terre ferrugineufe.

24. Grains de félénite.

27. Grains de fel vitriolique par
chaque livre d'Eau Minérale.

18°. Une livre d'Eau Minérale évaporée dans une capſule plate , & non dans un vaiſſeau élevé au même degré de chaleur , dont j'ai fait mention à l'article 9 , m'a fourni 60. grains d'un ſel vitriolique de couleur jaune , qui calciné dans un teſt ſous la moufle du fourneau de coupelle , m'a fourni un colcothar d'un très-beau rouge.

19º. L'Eau Minérale de M. DE CALSABIGI m'ayant été envoyée en petite quantité dans le mois de Janvier 1755. comme une nouvelle Eau Minérale étrangére , la petite quantité de liqueur acide que je retirai par la diſtillation, à laquelle ſuccedérent trois ou quatre goutes d'un eſprit légérement ſulphureux, ne me permit pas de démontrer par aucune expérience quelles étoient les eſpéces d'acides. M. DE CALSABIGI m'ayant envoyé depuis une plus grande quantité de ces Eaux Minérales que pour lors je ne regardai plus comme une Eau Minérale étrangére , ayant appris qu'elles étoient tirées d'une nouvelle ſource d'Eau Minérale de Paſſy;

les travaillai en grand, je retrouvai
tes les différens produits tels que je les
ɔis obtenus dans mes Analyses en petit.
ne me restoit plus qu'à examiner les
ux différens acides que j'ai retirés, dont
premier a été démontré par Messieurs
ɴᴇʟ & Bᴀʏᴇɴ, comme un mélange
cide, nitreux & marin.

20°. J'ai pris pour cet effet 16. liv.
‡au Minérale que j'ai évaporées dans
e étuve fur des affiétes plates de
ʾance, en confiftance d'une matiére
‾upeufe; j'ai mis enfuite cette ma-
re à diftiller dans une Cucurbite de
rre au feu de lampe de quatre mé-
es, dont chacune étoit compofée de
.. brins; dans le commencement de
diftillation, je retirai quelques gou-
; d'une liqueur qui étoit infipide à
quelle fucceda une liqueur acide,
ii par degré augmentoit d'acidité.
‡tte liqueur s'eft élevée d'abord fous
formé de vapeur d'un rouge très-
ible qui rempliffoit l'intérieur du cha-
‡eau; ces vapeurs rouges qui portoient

une odeur d'acide tantôt nitreux tantôt
d'acide de fel marin, n'ont duré que fix
minutes, enfuite le chapiteau s'eft éclair-
ci : j'ai continué la diftillation au même degré de feu ; lorfque j'ai vû qu'il
ne diftilloit plus rien, j'ai féparé cette
liqueur acide qui pefoit une once jufte ;
je l'ai faturée avec de l'alkali fixe de tartre
très-pur, l'once de la liqueur acide s'en eft
chargée de 66. grains ; ma liqueur étant
parfaitement repofée, je l'ai tirée à clair,
& je l'ai mife évaporer dans un verre de
montre au bain de fable, à la chaleur
d'une méche allumée ; au bout de deux
minutes d'évaporation , j'ai vû fe former quelques petits criftaux féparés les
uns des autres qui nageoient à la furface de la liqueur. J'ai affemblé ces
criftaux qui m'ont paru à la loupe
creux en forme de petites tremies quar-
rées , ils avoient parfaitement le goût
du fel marin, & décrépitoient deffus
les charbons ardens. J'ai continué d'é-
vaporer la même liqueur au même dégré de feu; j'ai vû fe former encore de

nouveaux criftaux de fel marin; j'ai porté pour lors ma petite capfule au frais def-fus une affiéte de fayance que j'ai en-tourée de petits morceaux de glace; mes petits criftaux de fel marin qui fur-nageoient étoient tombés au fond à la faveur du mouvement occafionné par le tranfport. A mefure que la liqueur s'eft refroidie, j'ai vû fe former une pelli-cule de petits grains de fel marin ferrés confufément les uns près des autres, & partagés dans quelques endroits par de petites éguilles de nitre, qui s'y étoient criftallifées. Mes évaporations finies, j'ai féparé le plus exactement qu'il m'a été poffible mes criftaux, les petites éguilles de nitre ont pefé en-viron 4. grains, les criftaux de fel ma-rin parfaitement fechés ont pefé 25. grains.

21°. Cette même liqueur acide fa-turée (dont je viens de parler art. 20.) avec le fel de foude, ne m'a donné que des criftaux de fel marin, fans au-cune éguille de nitre : j'ai pouffé en-

fuite le refidu de ma diftillation à feu
nu. La cucurbite étant échauffée à
un certain point, il s'eft élévé des
vapeurs blanches d'une odeur fulphureufe qui tomboient en goutes très-
claires dans le récipient à mefure qu'elles
fe condenfoient dans le chapiteau ; je
continuai la diftillation jufqu'au moment où je vis paroître quelques goutes
d'une liqueur brune qui formoit dans le
chapiteau des ftries huileufes : à ce degré de feu, ma cucurbite fe fêla, je
raffemblai ces goutes qui avoient auffi
une odeur de foufre, mais plus pénétrante. Cette liqueur me paroît n'être
autre chofe qu'un acide vitriolique très-
concentré, qui avoit enlevé une portion du phlogiftique du fer avec lequel
il s'étoit uni : la première liqueur fulphureufe qui étoit très-acide pefoit en-
viron un gros, je l'ai faturée avec le même fel de tartre. Cette liqueur filtrée
& évaporée jufqu'à pellicule, a donné
conftamment jufqu'à la derniére évaporation, du tartre vitriolé en criftaux
très.

très - réguliers, fans aucun mélange de nitre, ni de fel marin. Cette premiére liqueur acide fulphureufe, faturée avec le fel de foude, a donné de très-beau fel de Glauber ; & ce même acide combiné avec de la limaille de fer, m'a donné des criftaux de vitriol pur de Mars , d'une belle couleur verte & de figure romboïdale.

Le refidu de la diftillation pefoit dix gros, la fuperficie étoit d'une couleur rouge pâle, & le refte d'un gris de perle , s'humectant à l'air, d'un goût très-acerbe & ftiptique.

22°. L'Eau Minérale de M. DE CAL-SABIGI, mêlée avec une leffive alkaline chargée du principe fulphureux , ex-trait par le feu de matiére animale, m'a fourni un précipité très - bleu , qui ne différe en rien de la beauté du bleu de Pruffe, fi ce n'eft qu'il le furpaffe ; les dif-férens moyens que j'ai tentés dans cette opération me feroient entrer dans un détail très-long qui n'eft point effentiel dans cette Analyfe ; je me réferve de donner un Mémoire particulier fur ce travail, le regardant comme un objet qui pourroit devenir très-avantageux pour la Peinture, &c. dans laquelle on employe cette couleur avec fuccès. Les Confifeurs même pourroient alors en faire ufage fans aucun fcrupule dans leurs préparations de fucre où ils employent les couleurs bleues, cette matiére étant tirée d'une Eau Minérale dont les principes vitrioliques font prouvés être exempts de tout mêlange de cuivre.

Cette feconde Analyfe de l'Eau Minérale de M. DE CALSABIGI, ne différant en rien de la premiére que j'avois faite, & ayant obtenu toujours les mêmes produits en grand comme en petit, proportion gardée, je penfe qu'on peut regarder cette Eau Minérale comme chargée de vitriol Martial, d'un fel féléniteux, d'un acide vitriolique furabondant, d'une très-petite portion de nitre & d'un peu plus de fel marin.

J'ai rempli mon objet en faifant cette Analyfe de différentes façons avec toute l'exactitude poffible. C'eft à Meffieurs les Médecins à apprécier la valeur de ces nouvelles Eaux Minérales, quant aux vertus Médicinales.

NOUVELLES
EXPERIENCES

FAITES

PAR LE SIEUR CADET,

*Apoticaire Major des Invalides,
fur l'Eau Minérale de M. DE CAL-
SABIGI, pour en tirer le Bleu appellé
communément* Bleu de Pruffe.

J'AI annoncé dans mon Analyfe des
Eaux Minérales de M. DE CALSABIGI,
que ces Eaux m'avoient fourni un bleu
que je prévoyois être fort utile; je me
fuis engagé à donner un Mémoire
particulier fur cet objet, je ne crois
pas devoir tarder davantage à m'ac-
quitter de mon engagement.

La fuite de mes premiéres opérations
m'a naturellement conduit à ce travail, qui d'ailleurs n'en étoit pas un

nouveau pour moi. Le célébre M. Geoffroy pere, mon Maître, s'étoit occupé long-temps de cette matiére; il m'avoit communiqué les différens procédés dont il s'étoit fervi; M. Macquer, de l'Académie des Sciences, à qui nous devons la parfaite connoiſſance de la théorie de cette opération, a bien voulu auſſi me faire part de fon travail; c'eſt fur les principes de cet habile Chimiſte, ainſi que fur ceux de M. Geoffroy, que j'ai établi mes recherches.

Il a été démontré par les Analyſes qui ont été faites de l'Eau Minérale de M. DE CALSABIGI, que cette Eau étoit chargée d'un vitriol de Mars, d'un fel féléniteux, &c.

Le Bleu de Pruſſe n'eſt autre chofe qu'un fer très-divifé précipité par l'alkali fixe, en une poudre qui fe trouve changée dans l'inſtant de la précipitation par un principe fulphureux, en un bleu plus ou moins foncé fuivant la portion de terre blanche alumineufe qui s'y trouve mêlée; la félénite ne

différant d'ailleurs de l'alun , que par
l'efpéce de terre qui eft unie à l'acide
vitriolique : l'Eau Minérale dont il. eft
queftion, m'a paru renfermer tous les
matériaux propres à fournir un précipité femblable au Bleu de Pruffe , en
y joignant une leffive alkaline chargée
d'un principe fulphureux extrait, par le
feu , de matiére animale.

J'ai cru m'appercevoir que de tous
les alkalis fixes, le fel de foude étoit celui
qui a toujours le mieux réuffi à M.
Geoffroy dans les travaux qu'il a tentés
fur le Bleu de Pruffe ; je l'ai préféré à
tout autre fel fixe, à raifon d'un principe fulphureux , dont M. Geoffroy
penfe que le kali fe charge pendant fa
calcination. J'ai reconnu ce principe
fulphureux bien fenfiblement dans les
différentes leffives que j'ai faites de fes
cendres ; j'ai obfervé que le fel pro-
duit de ces leffives par l'évaporation
dans une marmite de fer acqueroit
différentes couleurs femblables à celle
de la chaux de plomb ; que dans le

commencement de l'exsiccation, il prenoit souvent une couleur grise, ainsi que le prend le plomb dans sa fusion lorsqu'il perd son phlogistique pour devenir chaux : que ce sel poussé à un feu plus vif, devenoit d'une couleur jaune qui approchoit beaucoup de celle du Massicot, & qu'ensuite le feu étant un peu augmenté, ce sel passoit à une couleur rouge plus foncée que celle du *minium* ordinaire : ce sel parvenu à cette couleur répand une odeur sulphureuse très-pénétrante, & jetté tout chaud sur un corps froid, il prend le jaune du Massicot, comme l'éprouve le *minium*, qui perd sa couleur rouge après avoir été chauffé un certain temps, pour repasser à la première couleur qu'il avoit avant d'être *minium* qui est celle du Massicot : c'est à M. Geoffroy le fils que nous avons obligation de ces découvertes sur le *minium*, dont l'opération ne nous étoit pas parfaitement connue. Il a donné plusieurs Mémoires sur l'Analogie du Bismuth avec le plomb, dans lesquels

on voit les principes de cette opération très-bien développés.

Quelques Chimiſtes tant anciens que
modernes, ont avancé que le *minium*
n'étoit autre chofe qu'un maſſicot de
plomb calciné au feu *de reverbere*, fur
lequel on faifoit paſſer la flamme du
bois, & que par le moyen de cette forte
calcination on lui donnoit la couleur
rouge : il y a lieu de croire que ces
Chimiſtes n'avoient pas exécuté eux-
mêmes l'opération telle qu'ils l'ont décrite, car ils fe feroient apperçu qu'elle
ne leur auroit pas réuſſi.

Il eſt évidemment démontré que le
maſſicot de plomb n'eſt changé en *mi-*
nium que par un degré conſtant de chaleur. Ce degré eſt le 2 8 5ᵉ. du thermome-
tre de Farenheit, & fi l'on outrepaſſe ce
degré de chaleur, on détruit infenfible-
ment fa couleur rouge, pour le faire paſſer
à fa premiére couleur jaune. J'ai perdu
de vûe pour un inſtant tous les phénoménes que j'ai remarqués dans la calcination du fel de foude : ce fel dans

l'état de couleur rouge dont je viens de
parler ci-deſſus, la perd inſenſiblement
par la calcination avec cette odeur ſulphureuſe ſi pénétrante, & demeure d'une
foible couleur jaune, qui ſe démontre
plus ſenſiblement lorſque ce ſel a pris
l'humidité de l'air : tous ces phénoménes méritent la peine d'être éclaircis ;
je ne ſçais ſi on ne pourroit pas en at-
tribuer la cauſe à la portion de fer qui
a été démontrée dans la ſoude, & à
une autre portion que la liqueur de ce
ſel détache très-ſenſiblement de la marmite lorſqu'elle a été concentrée juſ-
qu'à un certain point. L'on ſçait que le
fer décompoſé par l'acide vitriolique ſe
trouve toujours ſous la couleur jaune ;
ne pourroit-il pas ſe démontrer de même avec l'alkali de ſoude ? Cette même
couleur jaune reverbérée ſous la moufle, prend une couleur rouge. Toutes
ces variations de couleurs dans le fer,
ne ſeroient-elles pas en partie la cauſe
de celle que j'ai obſervée dans la calcination de ce ſel ? C'eſt une choſe qui

ne peut être démontrée que par un travail fuivi.

Je me fuis écarté encore de l'objet de
mon travail, mais fouvent dans nos opérations, nous nous trouvons arrêtés par
des phénoménes auxquels nous ne pou-
vons nous refufer. Je reviens donc à
mon premier objet.

. Le fel de foude chargé de ce principe fulphureux me paroiffant le plus
propre pour mon opération, & ne voulant pas m'éloigner des proportions décrites dans le Mémoire de M. Geoffroy,
j'en ai pefé quatre onces, que j'ai mê-
lées avec 8 onces de fang de bœuf def-
féché, & je les ai calcinées dans un creufet au fourneau à vent ; j'ai reconnu le
point de calcination lorfque la matiére
eft devenue parfaitement rouge,& qu'elle ne rendoit prefque plus de flamme.
Je l'ai tirée du creufet, & l'ai jettée
toute rouge dans deux livres & demie
d'eau bouillante ; après un demi-quart
d'heure d'ébullition, j'ai filtré cette leffive , j'en ai verfé peu à peu 10 à 12

onces fur 2 pintes d'Eau Minérale très-chaude, obfervant en la chauffant, les précautions décrites dans mon Ana-lyfe article 9ᵉ. pour empêcher qu'elle ne fe décompofât par la chaleur. Le réfultat du mêlange de ces deux liqueurs a été un *coagulum* d'un vert obfcur. Nullement fatisfait de cette couleur, je me fuis avifé d'ajouter à ce mêlange de nouvelle Eau Minérale; je me fuis apperçû qu'à mefure que j'en verfois, le mêlange prenoit par degré différentes nuances, pour paffer en dernier lieu à une belle couleur verte d'émeraude; la liqueur étant repofée, a confervé fa couleur verte & a précipité en peu de temps une fécule qui m'a paru bleue. Je l'ai lavée plufieurs fois avec de l'eau de puits filtrée, je l'ai fait fécher, & elle eft ref-tée d'une couleur noire, qui employée dans la Peinture avec un peu de blanc de plomb, a donné des nuances d'un vert de pré.

Cette opération m'a fait obferver qu'il falloit employer très-peu de leffive

alkaline pour précipiter le fer & la sélénite propre à fournir le bleu, qu'une
plus grande quantité ne servoit qu'à
précipiter de nouveau fer, qui donnoit
à ce *coagulum* ce vert obscur. J'ai re-
pété la même opération en observant
sur-tout de mettre très-peu de lessive
alkaline, la liqueur a passé tout d'un
coup à un beau vert transparent, en
précipitant une fécule qui ne différoit
point de la première. J'ai versé quelques
goutes d'esprit de sel sur cette fécule qui
a passé sur le champ à une très-belle couleur bleue; j'ai imaginé de là que le vert
n'étoit qu'accidentel, que la sélénite &
le fer contenu dans les eaux précipités
par l'alkali fixe, &c. étant changé en
bleu par le principe sulphureux, suivant
la théorie que nous en a donnée M.
Macquer, il ne pouvoit y avoir qu'une
surabondance de terre jaune ferrugineu-
se qui n'avoit pû être changée en bleu,
& qui avoit communiqué la couleur
verte à la fécule, par la raison qu'avec
du jaune & du bleu l'on fait du vert.

Là suite de ce Mémoire va prouver que mes conjectures ont été justes : pour séparer cette surabondance de fer, j'ai fait chauffer de l'Eau Minérale dans une marmite de fer neuve ; dès le commencement de l'ébullition, elle a pris une couleur jaune très-foncée ; j'ai saisi ce moment pour filtrer la liqueur, & il m'est resté sur le filtre cette terre jaune surabondante que je cherchois : ma liqueur étant parfaitement claire & encore chaude, j'y ai versé peu à peu de ma liqueur alkaline sulphureuse, j'ai obtenu à l'instant une fécule d'un très-beau bleu, sans avoir eû besoin d'être *avivée* par les acides, ce qui le rend supérieur au Bleu de Prusse ordinaire, qui s'écrase difficilement sous la molette, au lieu que ce dernier est doux au toucher & très - facile à s'écraser sous les doigts. Employé dans la Peinture, il donne un beau bleu très-foncé ; M. Boucher Peintre, si connu par ses Ouvrages, l'a employé avec succès. Je regarde aussi comme un avantage très-

grand de n'être point obligé de me fervir des acides minéraux pour *aviver*
ce bleu. Les Artiftes qui employent
cette couleur dans leurs Ouvrages ne
peuvent s'attendre à les voir conferver
long-temps leur fraîcheur tant qu'ils fe
ferviront d'un bleu qui aura paffé par
les acides : car quelques précautions
que l'on prenne pour le laver, il en refte
toujours une petite portion qui avec le
temps attaque cette couleur & en détruit l'éclat.

Cette obfervation eft de M. Geoffroy:
M. Macquer a pourtant démontré que
les acides minéraux ne diffolvoient ni
même n'altéroient point le Bleu de Pruffe par les différentes diffolutions qu'il
en a tentées. Il a remarqué feulement
qu'ils lui donnoient plus d'intenfité ; il
ne prétend pas pour cela contredire le
fentiment de M. Geoffroy, d'autant plus
qu'il m'a dit n'en avoir fait aucun effai
dans la Peinture , & qu'il penfe qu'il ne
feroit pas impoffible que l'action de l'air
combinée avec celle de l'acide, ne pût

à la longue produire une altération que l'acide feul n'occafionne pas d'abord : certainement M. Geoffroy n'a avancé ce fait que d'après l'expérience.

Je crois devoir faire obferver dans ce Mémoire que pour obtenir la fécule bleue avec la liqueur alkaline fulphureu-fe, il eft très-important de bien faifir l'inf-tant de l'ébullition de l'Eau Minérale, où il fe fait une féparation de terre jaune pour la filtrer, parce que fi on laiffe pré-cipiter la félénite, on n'obtient qu'une fécule tirant fur le noir. Cette opéra-tion prouve la parité & la neceffité de la félénite, ou de la terre de l'alun dans la compofition du bleu. J'ai rendu le fuccès de cette opération encore plus certain, en ajoutant une diffolution d'alun à l'Eau Minérale dont j'avois laiffé précipiter la félénite; à peine y ai-je verfé de ma liqueur alkaline fulphureu-fe, que j'en ai obtenu une fecule d'un beau bleu, qui n'étoit pourtant pas auffi foncé que celle que j'avois tirée de mes derniéres opérations; j'ai attribué ce changement

changement à une trop grande quantité
de terre alumineuſe qui avoit été précipitée par l'alkali fixe, & qui avoit éten-
du davantage les particules de fer chan-
gées en bleu. J'ai recommencé l'expérience èn ajoûtant moins d'alun à unè
portion de la même liqueur que j'a-
vois reſervée, ma liqueur alkaline ſulphureuſe, y étant mêlée, j'ai obtenu
un bleu beaucoup plus foncé & tel que
je le deſirois.

Mon objet en traitant ce bleu, étant
d'en abréger le travail & de chercher
à donner plus de facilité à ceux qui
voudront s'occuper de cette opération,
j'aurois bien tenté le procédé de M.
Macquer en ſaturant ma liqueur alkaline ſulphureuſe de la partie colorante
du bleu de Pruſſe, par le procédé qu'il
a donné dans ſon Mémoire à l'Académie, dans la rentrée publique de l'an-
née 1752; mais cette opération quoi-
que fort intéreſſante pour la théorie,
devenant trop diſpendieuſe dans la pra-

tique, j'ai imaginé d'extraire d'une
façon plus aifée le bleu de ces Eaux
Minérales fans être obligé de féparer
la terre jaune ; j'ai pris pour cet effet en-
viron deux onces d'alun groffiérement
concaffé, je l'ai fondu dans un demi-
feptier d'eau bouillante ; j'ai mêlé cette
diffolution avec deux pintes & chopine
d'Eau Minérale chauffée fans précau-
tion ; j'ai filtré fur le champ, enfuite
j'y ai verfé peu à peu de ma liqueur
alkaline fulphureufe, telle que je l'ai
décrite ci - deffus, à l'exception pourtant que j'en ai augmenté le poids du
fang de bœuf de deux onces, afin de
charger davantage ma liqueur alkaline, de ce principe fulphureux qui
donne le bleu au fer, j'ai obtenu de
cette opération une fécule d'un affez
beau bleu. Je ne défigne point le
poids de la liqueur alkaline qu'il faut y
faire entrer, il fuffit d'en verfer peu
à peu, & de ceffer à l'inftant qu'on
s'apperçoit que le bleu qui fe forme

eſt moins beau que celui qui s'eſt précipité le premier. Le mouvement de
l'effervefcence étant fini, la liqueur
étant parfaitement repofée, il faut avoir
grande attention de la décanter de
deſſus la fécule, & d'en enlever le plus
que l'on pourra ; il faut enſuite noyer
la fécule dans une certaine quantité
d'eau de puits que l'on décantera de
nouveau, dès qu'elle fera devenue claire ; on peut alors mettre égouter la
fécule fur un filtre & la porter enſuite au féchoir ; ſi l'on ne prénoit point
toutes ces précautions, la premiére liqueur que l'on ſépare de deſſus la fécule, ayant une couleur verte tranſ-
parente, à raiſon d'une portion de vitriol de Mars, dont elle eſt encore
chargée, cette même liqueur, dis-je,
dépoſeroit avec le temps une portion
de terre jaune ferrugineuſe qui ſe mé-
leroit avec le bleu qui en altéreroit plus
ou moins la perfection.

Ce nouveau travail pourroit encore,

s'il étoit néceffaire, fervir de preuve à
l'exiftence du vitriol Martial pur & de
la félénite dans l'Eau Minérale de M.
DE CALSABIGI. Je ne crois pas qu'aucun Auteur ait démontré auffi fenfiblement le fer contenu dans aucune
Eau Minérale. Le fameux Henkel a
bien démontré le fer dans la foude,
par la petite portion de bleu qu'il en a
tirée : M. Geoffroy, lui-même, d'après
le travail de ce fameux Chimifte, a
tiré des criftaux de fel de Glauber
coloré d'un très-beau bleu de faphir,
en verfant de l'acide vitriolique fur
le fel alkali de foude, cherchant à
prouver que fa bafe étoit la même
que celle du fel marin ; mais tous ces
travaux n'ont jamais fourni à ces cé-
lébres Chimiftes une auffi grande quantité de bleu auffi parfait que celle que
j'ai retirée de ces nouvelles Eaux Minérales.

Je n'ai point regardé comme inu-
tiles dans ce Mémoire les détails dans

lefquels je fuis entré; jofe me flatter que juftement appréciés, ils pourront être de quelque fecours à ceux qui s'occupent de la Chimie.

Signé à l'Orignal, CADET.

Analyse des eaux minerales de M. de Calsabigi,
nouvellement découvertes à Passy : à laquelle on a
joint une suite d'expériences sur la maniére de retirer,
de ces mêmes eaux, le bleu de Prusse . Par le sieur
Cadet, apoticaire major de l'Hôtel royal des invalides

http://gallica.bnf.fr/ark:/12148/bpt6k61289099

hachette LIVRE   〈BnF   gallica BIBLIOTHÈQUE NUMÉRIQUE

9 782013 530637